U0393579

匍匐悬垂式盆栽野草

附录 几种园艺植物盆栽小品

草木清欢

——野草趣味盆栽

侯兆铨　王建军　郑为信　刘宜学 / 著

江苏凤凰科学技术出版社 · 南京

图书在版编目（CIP）数据

草木清欢：野草趣味盆栽 / 侯兆铨等著 . — 南京：江苏凤凰科学技术出版社，2024.6
ISBN 978-7-5713-4316-3

Ⅰ . ①草… Ⅱ . ①侯… Ⅲ . ①盆栽—观赏园艺 Ⅳ . ① S68

中国国家版本馆 CIP 数据核字 (2024) 第 063428 号

草木清欢——野草趣味盆栽

著　　者　侯兆铨　王建军　郑为信　刘宜学
策划编辑　张小平
责任编辑　韩沛华
责任校对　仲　敏
责任设计　蒋佳佳
责任监制　刘文洋

出版发行　江苏凤凰科学技术出版社
出版社地址　南京市湖南路1号A楼，邮编：210009
出版社网址　http://www.pspress.cn
印　　刷　南京新洲印刷有限公司

开　　本　718 mm × 1000 mm　1/16
印　　张　14.25
插　　页　4
字　　数　220 000
版　　次　2024年6月第1版
印　　次　2024年6月第1次印刷

标准书号　ISBN 978-7-5713-4316-3
定　　价　68.00元

斜出灵动式盆栽野草

繁茂蓬勃式盆栽野草

目 录

野草的挖掘、上盆与管理

直立端庄式盆栽野草

高耸挺拔式盆栽野草

爱兰者，大多也爱野草。老侯的兰架边种着一大盆阔叶山麦冬，老王的兰架上爬着一片虎耳草，为信兰园一角摆着各种小竹子和菖蒲，而我家里长年养着铁线蕨……因此，对于我们四位“草民”（野草爱好者）而言，选草、挖掘、上盆……并没有费太大的劲。经过近两年的野外挖掘，兰园里前后有了两百余盆野草盆栽小品。其中，多数野草取自我们兰园所在地福州市寿山乡，部分取于我的老家闽清县。我从中遴选 82 种盆栽效果较理想的野草，将其盆栽小品拍成照片，每种野草辅以扼要的文字说明其习性、盆栽、管理要点，部分野草还附上“‘草民’笔记”小贴士，遂成此书。书中借鉴盆景造型分类方法，将盆栽野草分为直立端庄式、高耸挺拔式、斜出灵动式、繁茂蓬勃式、匍匐悬垂式等 5 类。当然，这只是一种大致的模糊的分类。有些野草，可植成两三种不同类型的盆栽小品，书中将同一种野草不同类型的盆栽小品归在一块展示，以便读者品鉴同一种野草不同的造型风格。需要说明的是，这里所说的野草，泛指草本植物及木本植物、藤本植物等幼苗。

我们四人中，老侯算是“植物通”。他玩赏花草 60 余载，知晓许多野草名称，常常令我惊讶。但即便如此，由于种种原因，仍有不少野草名称不能确定。初稿完成后，请厦门大学李振基教授审定了所有野草的名称，福建师范大学陈炳华副教授等也为部分野草名称的鉴定提供了帮助。全国名老中医药专家宋纬文主任中药师还为本书提供了 3 幅野草生境照片，蔡世民先生提供了 1 幅野草生境照片。在此，谨致谢意。

草木趣味，人间清欢。谨以此书纪念我们一起莳花弄草的日子。

刘宜学

2023 年 10 月 29 日

写在前面

大约在 10 年前，我和兰友侯兆铨、王建军、郑为信，一起在福州郊外的山村里租地养兰。我们因为爱好相同，加上性情有些相近，玩在了一块。

老侯是我们四人中最年长者，他是福州兰界老前辈，曾为福州兰花协会的创建立下汗马功劳；老王算是资深兰人，酷爱兰花，至今还保留几近失传的福州本土兰花名品软报岁；为信年轻于我，养兰技艺精湛，将爱好做成了产业；而我早年因工作关系接触了兰花，“一见钟情”，此后便乐此不疲。四人常聚在一起，聊兰花，聊家长里短……

3 年多前的一天，闲聊中我谈到一位台湾野草爱好者出书的事，老侯看了他的盆栽小品后淡淡地说，其实有些还可以做得更好，好看的野草多得是。“那可以做成一本书！”或许是出于职业的敏感，我脱口而出。我倡议四人一起来制作野草盆栽小品，由我来编写成书，得到他们仨的赞同。

在人们的印象中，野草长于乡野荒地，朴质无华，而花卉养尊处优，绚丽多彩，二者有着天渊之别。其实，它们原本都是大自然的一分子，只是花卉“天生丽质”，更为抢眼，得到人们的宠爱，加上近现代育种栽培诸多“整容”“养颜”技术，使花卉愈加华美。野草虽“貌不惊人”，但自有一种自然的气息，清新可人。观赏花卉，如享饕餮盛宴，畅快淋漓；品赏野草，如嚼农家小菜，味醇而爽口。

野草的挖掘、上盆与管理

野草挖掘前准备

工具准备

野草挖掘，要准备一把铲子。在多数情形下，一把铲子也足够了。但有时木本植物或藤本植物的根长在较硬的土质里，铲子使不上劲，这时就要用小锄头了，因此小锄头也要准备一把，以备不时之需。

铲子和小锄头

野草在上盆时或日常管理中，免不了要修修剪剪，因此剪刀是少不了的。可准备两三种大小不一的剪刀：小剪刀用于修剪小型的草本植物，中剪刀用于修剪中型的草本植物，大剪刀则用于修剪稍大型草本植物或小型的木本植物。

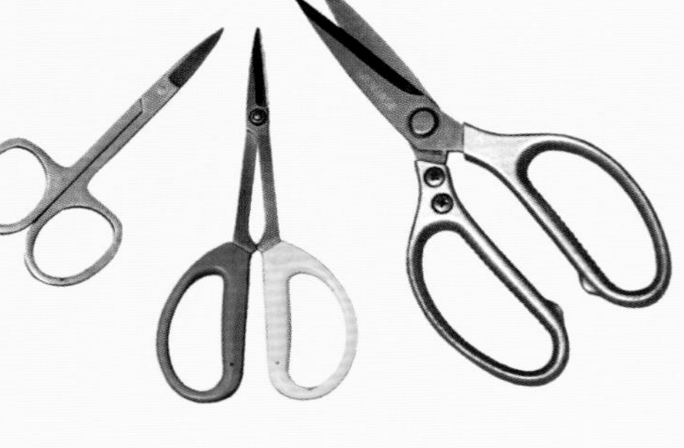
大小不一的剪刀

盆器准备

野草盆栽一般用小型盆器。按材质分，有紫砂盆、瓷盆、陶盆等；按形状分，有圆盆、四方盆、多角盆及不规则盆；按高与宽的比例分，有常规盆、浅盆、高盆；按颜色分，有褐色盆、白花盆、黄色盆、灰色盆等。一些生活用品如小碗、小碟、茶杯等器具，以及贝壳等，还有现在一些快餐包装盒和奶茶杯，都可以作为盆器。但这些器皿底部没有孔，可以钻孔，也可以不钻孔。如不钻孔，则仅适用于种植喜湿或水生的野草，在植后管理时浇水量要适度。考虑到卫生和美观，有时还要配上托盘。

部分小型盆器

部分可用于盆栽野草的生活器具

用快餐盒种植半边旗

土壤准备

绝大部分的野草可用园土（即普通种菜的土壤）种植，因此一般来说，准备些园土就可以了。如果讲究些，配备种植喜湿的野草时添加些细沙；种植有些根对土壤的透气性要求较高的野草时，则可添加些腐叶土（山林下落叶腐熟而成）或颗粒土。颗粒土可用粗沙粒或砖粒，也可购买养兰用的塘基石等。值得注意的是，不要过量使用肥性较高的土壤（如市售的腐殖土或花卉培养土等），以免野草上盆后生长过快，株形发生变化而失去观赏价值。

园土　　沙　　腐叶土　　塘基石

由于野草盆栽需土较少，因此也可在挖掘时就地上盆或顺便带回一些土，对野草——尤其对土壤有特殊要求的野草（如芒萁需要呈弱酸性的黄土）来说，用原生土种植是最好的选择。

挖掘芒萁时带回的的黄土

野草的选择

野草挖掘地

野草挖掘地主要有田地、菜地、果园地、荒地、路旁、沟边，以及林地边缘等。禁止在自然保护地或有关部门规定禁止挖掘植物的区域挖掘。

家在城市者，周边可资挖掘野草的地方较少。小区绿化地虽不是理想的野草挖掘地，但小区绿化地上也常长满杂草，其中不乏通泉草、红

路旁韩信草

山区林边紫花地丁

湿度较高、半阴的环境生长的小叶冷水花显得格外水灵

田间地头饭包草

花酢浆草、紫花地丁、小叶冷水花等，有时也可挖掘到理想的野草。如果周末假日到城郊游玩，山边林缘、果园路旁都是挖掘野草的好地方。

家在农村者，房前屋后、田间地头都长有野草，资源丰富，诚如古人所说“十步之内，必有芳草”。

野草选择目标

盆栽野草，一般“即种即赏”。可以说，选择一棵野草就是选择一种美。野草的选择关乎野草盆栽成品的观赏性，是野草盆栽最重要的一个环节。在野草丛生的野外，怎样选择野草呢?

首先，务必选择非保护植物，严禁挖掘保护植物。其次，考虑野草的高度。适于上盆观赏的野草高度一般以 5~30 厘米为宜，当然个别优秀的野草也可矮于 5 厘米或高于 30 厘米。因此，植株过高过大的野草扫一眼便可略过。

目光所聚，高度适宜的野草，其种类、数量也极为庞大，想要从中选出心仪的野草，须费些心思：

首先，选择充盈生命之美的野草，勃勃的生机总能给人愉悦感。我国传统审美观认为美在生命，崇尚丰沛健旺的生命状态。在传统艺术欣赏中，人们总喜欢用“气韵”“气息”“气象”等评判艺术品的高下，而所谓的“气韵”“气息”“气象”等说的就是艺术品的生命力。俄国美学家车尔尼雪夫斯基曾说：“对于植物，我们欢喜鲜活的色彩、葳蕤的状态和多姿的形态，因为那显示着活力充盈的蓬勃生命。”选择野草时，必须注重野草的生命力或活力。具体来说，野草的枝叶必须生长状态良好，叶面干净、没有明显的污点和病虫为害斑。以叶片平展或稍仰，挺括，叶色翠绿、有光泽者为佳；以下垂或低垂，皱褶，色泽晦暗者为劣。枝叶分布可疏，也可密。有时单株略显单薄，可多

此株石蝉草株形、叶形尚佳，唯叶片下垂，显得无神

此株金毛耳草枝叶繁茂，生机勃勃

此株铁线蕨新苗嫩绿，富有生气

株一大丛植成丰茂状，展示欣欣向荣的生机。值得说明的是，新苗叶色更为鲜嫩，更具生命的活力，选择野草时，尤其是蕨类植物时最好选择当年生长的新苗。

其次，选择呈现形式之美的野草。中国传统美学和古希腊传统美学都注重形式美，认为和谐是一种美，所谓和谐是“和而不同”“寓变化于整齐”，按现在的话来说，就是既要变化又要统一。古希腊哲学家用数学来探究形式美，对形式美做了定量、精准的描述。他们还发现了黄金分割律。美的物品外形上具有一定的特征，如对称、均衡、整齐、参差等。选择野草时，必须注重色彩美、线条美、形态美，草色草形要有一种美感。具体来说，枝叶色泽以翠绿为好，如为红色或其他明丽之色更佳；叶片由两三种色彩组成某种纹理或图案，则另有一种独特的观赏价值。野草的花果色彩或淡雅或艳丽，均可。植株茎秆可直可斜。木本植物或藤本植物主干则可呈倾倒状或匍匐状或悬垂状。枝叶形态自然，不怪异。植株枝叶、花果形态和分布比例要协调。

地稔花大色佳，观赏价值高

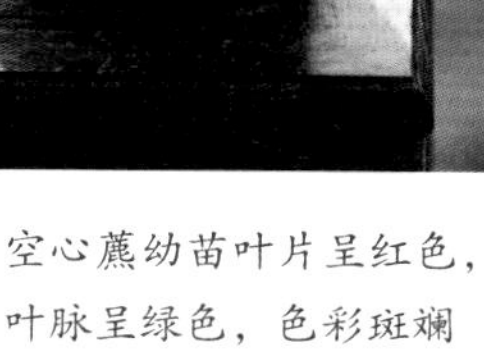

空心藨幼苗叶片呈红色，叶脉呈绿色，色彩斑斓

此株阔鳞鳞毛蕨株形匀称、圆满，似西方插花风格

叶片的大小要适中，小株大叶则欠秀雅。如为两三株一丛，则以高低错落、大小不一、形态同中有异者为佳，忌两三株同高同形或距离相等。一般来说，形态的异同和高度只能在挖掘时选择，而株距和植株的正斜可在种植时调整。

再次，选择蕴含人文之美的野草。我国传统赏花理论认为，赏花如果仅仅停留在表面的“好看”是肤浅的，“花妙在精神”。自古以来，人们在欣赏植物时，借助植物的某一特征特性，或寄托情思，或类比德性，由此许多植物形成了具有象征意味的文化品格，如松之坚贞、兰之清幽等。一些形态与传统人文气息较浓的花木相似的野草，在人

两株南欧大戟高度、形态较相似，欠变化

三株细叶旱芹等距排列，形式单调

们欣赏时也能引起类似的审美体验。比如石松形态与松树相似，欣赏石松时或有欣赏松树之感。选择野草时，可以选择形态与松树、兰花、竹、菊花、菖蒲、水仙、荷花等形态相似的野草，如幽雅若兰的阔叶山麦冬，苍翠若松的小叶冷水花、石松，散淡似蒲的水虱草等。

种植时让植株稍倾斜，另有一种风姿（益母草）

水虱草形态与菖蒲相似

儒释道思想对我国审美产生了深刻的影响。儒家的中庸思想反映在审美上就是讲求中和之美，追求含蓄、典雅的艺术效果。道家的“大道至简”“少则得，多则惑”的思想，以及佛家的以少见多（一花一世界，一草一天堂）的智慧，反映在审美上就是崇尚简约之美、空灵之美，追求以白计墨、以虚显实的表现手法。植物欣赏，浸透着这些传统美学精神。中国传统艺术，其哲学意蕴大同小异，野草盆栽可借鉴盆景、插花、园林，乃至书法、绘画等的创作原理与手法。在盆景艺术中，有一种造型称文人树，其主干高耸、枝叶稀疏，大量留白留虚，这种简约至极的风格，旨在表达孤高清傲的文人风骨。在选择野草时，可选择植株挺拔清瘦、枝叶疏简、整体形态典雅者，将其植成有文人树意味的盆栽。

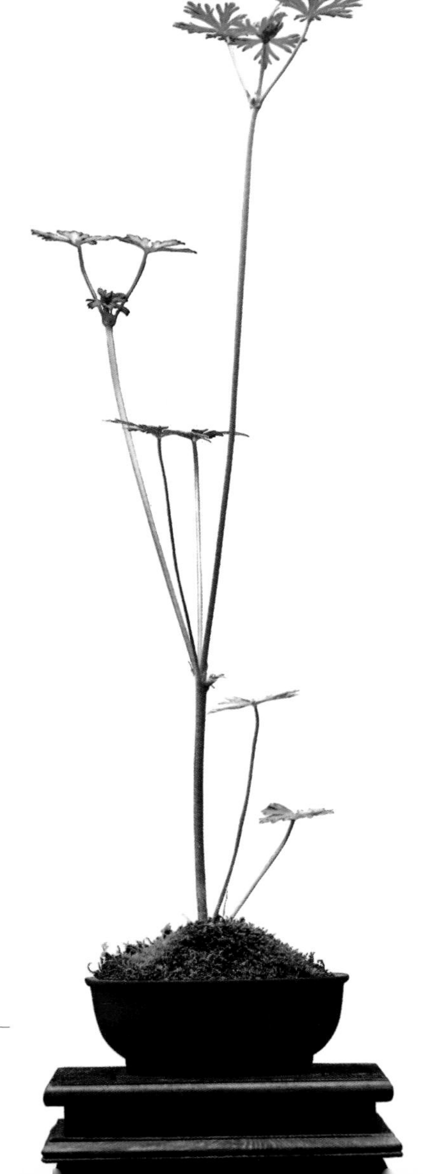

此野老鹳草植株挺拔，适于植成文人树造型

此丛金丝草因生长于陡坡，株形倾斜，可就势植成斜立造型

野草挖掘与上盆

野草挖掘

选中野草后，即可开始挖掘。先清理植株周围的枯枝落叶等杂物，然后用铲在植株周围三面各插一下，最后一面将铲插入土壤后，轻轻撬动，植株根部连同一团土便可掘出。如土层较薄或松软，则不必在植株三面做切割，可酌情切一面或两面，甚至直接将植株铲出。如土质较硬，可用小锄头慢慢挖。挖时尽量少伤根部。

提示：挖掘野草前请确认其是否为国家或有关部门颁布的保护物种，严禁挖掘保护植物。

① 此草植株健康，高低错落，适于做盆栽

② 清理周边落叶等杂物

③ 铲子从植株一边铲入，切割土壤后抽出

4 铲子从植株的另一边铲入

5 缓慢用力往植株根底部铲入

6 将植株完全掘出

广西过路黄挖掘步骤

盆器选配

选择盆器时，首先要考虑野草的生长习性。喜湿耐涝者可选用无底孔盆器，喜干忌涝者则只能选用有底孔盆器。其次，根据野草植株的大小、形态和色泽确定盆器的大小、形状和颜色。盆器的高度忌与植株高度等同。紫砂盆色泽较沉稳，可与各种野草搭配。一般较少用色泽过于艳丽的盆器。此外，还可根据自己的审美趣味，以及预想的盆栽整体审美效果来选择盆器。如要植成文人树风格，最好使用浅盆，以利于表现开阔的视野。枝叶平展或下垂的野草，可用高盆，让枝叶自然平展和向下舒展；当然，也可用常规盆或浅盆，辅以高支架。

盆器太大

盆器与植株等高

盆器大小合适

芒萁配盆

上盆

上盆时，可先放入部分土壤（浅盆可不要），然后小心放入野草根部，接着继续放入土壤，直至接近盆面，最后轻压根部土壤。如多株合植，要注意观察株与株之间距离与向背关系，以及整体效果，可不时做些调整。最后，剪去枯叶，盆面铺上青苔（如为喜干植物，则不铺青苔），浇上水即可。初上盆野草，放稍阴处一两天，之后转入正常管理。

① 将植株根部放入盆器中

② 填入土壤

③ 调整植株朝向

④ 继续加土至近盆面

⑤ 稍压盆面土壤

⑥ 修去枯叶

⑦ 铲取青苔

⑧ 铺上青苔，并调整植株姿态

⑨ 稍压盆面后浇水

广西过路黄上盆步骤

修剪整形

野草上盆后，一般不做整形，尤其是单株草本野草。但有些野草在上盆时或者上盆后，可对枝叶或茎秆做适当的修剪，以调整整体形态和审美风格，提高盆栽的欣赏价值。

◀ 修剪前（两横向枝干明显不协调）

▼ 修剪后（整体较协调）

木贼枝干修剪

▲
修剪后（整体疏朗）

◀
修剪前（整体圆满）

石松修剪后风格改变

野草摆设、欣赏与管理

野草摆设

摆设野草时，首先要考虑野草的生长习性。耐阴野草，如蕨类植物，可较长时间摆在室内明亮处（近窗户或门处）；喜阳不耐阴野草，如多肉多浆类植物，则最好摆放在阳台，或短时间摆放在室内明亮处。其次，要考虑野草摆放的欣赏效果。野草适于摆放书桌案头，或茶桌等处。一般单盆摆设，有时也可数盆组合摆设。

摆放在古几案上的盆栽组合（从左至右：石松、山乌桕、杉木、纤梗叶下珠、纤梗叶下珠）

▲
摆放在茶几上的刻叶紫堇

▶
摆放在厅堂的狭叶香港远志

野草管理

野草摆放期间，最主要的工作是浇水。野草盆小，植株也小，因此浇水最好用水流较细的浇水壶或喷水器。浇水次数则根据野草的需水习性和盆器的保水性而定。喜湿好水的野草，浇水次数可多些，忌缺水；而好干怕涝的，浇水次数可少一些，忌积水。盆器小的，浇水次数可多些；盆器大的，浇水次数可少些。每次浇水一般要浇透。无底孔盆器，浇水时要注意控制浇水量；浇水过多，野草根泡在水中，容易造成烂根而导致野草死亡（水生野草除外）。值得注意的是，室内往往光照不是很充足，因此摆放室内的野草浇水次数不

无底孔盆器浇水过多，
导致鸡眼草徒长

青苔最好经常喷水

宜过多，否则容易徒长。青苔、菖蒲等喜湿植物，则需要经常喷水。野草栽培过程以维持其良好的状态为要旨，因此一般不需要施肥。如有时需要促进盆栽野草生长，可施三五粒缓释肥（如好康多），其肥效可持续半年，简单方便。

野草生长过程可能出现病虫害，一般不提倡用农药防治。对于虫害，害虫数量不多时可人工捕杀。对于病害，病害较轻时剪去病叶，病害较重则可弃之；如不舍得丢弃，则可移到室外，喷洒咪鲜胺等低毒广谱杀菌农药，待 7~10 天后再移到室内摆设。

野草生长过程难免出现黄叶枯叶，有碍观瞻，可随时剪去。

如野草生长状态不良，已失去观赏价值，可弃去，也可放阳台栽培复壮。为避免室内摆设出现空档，可栽培多盆长年可赏或最佳赏期不同的野草，放在阳台等处栽培，轮流摆放室内。

▲园艺常用缓释肥好康多

▲穿叶异檐花出现蜗牛

▶剪去肾蕨枯叶

作者盆栽野草栽培区

摆放期野草观赏性的改变

野草在摆放过程中，随着生长发育，其主要观赏点及形态、色泽都可能发生明显的变化，这种变化可能提升或降低野草的观赏价值。最主要变化有以下 3 种。

一是野草开花了。野草从营养生长转入生殖生长，花成了主要观赏点，这当然提升了野草的观赏价值。

二是野草色泽变了。这有两种情况：一种是野草叶色、花色、果色发生自然变化，这无疑丰富了野草的观赏内容；另一种是野草长势变弱，叶色由翠绿变为晦暗，花色或果色色泽明显变差，降低了观赏价值。

经过一段时间栽培，广西过路黄开花了

三是野草形态变化。野草长高长大，或长出新的植株，有可能增加或弱化观赏性，主要看其是否与盆器协调。若野草株型过大，与盆器不协调，观赏价值降低，可适当进行修剪；严重时，予以丢弃。

野草是生命体，生长变化是必然的。至于这种变化是趋美还是趋丑，取决于植物生长发育的天性、环境条件以及栽培管理技术。我们所能做的，也只能在一定程度上引导其往趋美方向发展。有时也无能为力，只好由它去了。

初上盆时全株叶片为鲜红色

广东蛇葡萄栽培过程中色泽变化

再过一段时间基部叶片变成绿色，上部叶片变成红绿色

一段时间后基部叶片变成红绿色，上部叶片保持红色

直立端庄式盆栽野草

直立端庄式盆栽野草，植株较直立、匀称，没有明显的偏欹，比较中规中矩，给人端庄、典雅之感。当然，这种“直立”“匀称”不是绝对的，“大直”中或有“小曲”，“大匀称”中或有“小失衡”。

野外纤梗叶下珠（蔡世民拍摄）

纤梗叶下珠

(Phyllanthus tenellus)

草本或灌木，有时乔木。生长于撂荒地。叶片、株形[*]与叶下珠相似，但花梗较细长，故名纤梗叶下珠。手触叶片，叶片会缓慢下垂合拢。盆栽可选较小苗，两三株大小不一者合植，注意搭配协调。用园土种植，可短期置室内明亮处摆设。浇水掌握“不干不浇，浇则浇透”的原则。

---

*：本书中株形指植物植株的姿态形状，株型指植物整体的大小。

盆栽纤梗叶下珠

饭包草

(*Commelina benghalensis*)

多年生披散草本植物。生长于较湿润处，如菜地、果园，常成片生长。茎有节，叶卵圆形、翠绿色。大苗呈匍匐状。据说可作菜食用，故名饭包草。5—10月开花，花蓝色，典雅别致，有观赏价值。盆栽用土可用掺沙的园土。以多株上盆为佳，展现勃勃的生机。日常管理注意稍多浇水，忌缺水。

野外饭包草

饭包草花朵

盆栽饭包草

天门冬

(*Asparagus cochinchinensis*)

多年生攀援植物。喜湿润、半阴环境，常见于山野林边、灌木丛中。天门冬最大的特点是叶片呈松针状，大多两三枚成簇，长年翠绿，整个植株看起来清雅秀丽，如云雾般轻柔。秋季结红色浆果。可用大小适中素雅的盆器种植，摆设于室内明亮处，忌强光照射。

野外天门冬

天门冬果实

在古代，天门冬为道家仙术所推崇，他们认为天门冬是一味可返老还童、长生不老的“神药”。《列仙子》说：“赤松子食天门冬，齿落更生，细发复出。”这当然是夸大了天门冬的功效。

天门冬不但可入药，也可用于酿天门冬酒。据说，天门冬酒是苏东坡贬谪儋州时发明的，也有一定的治病养生功效。苏东坡曾饮天门冬酒后大醉，赋诗云：

自拨床头一瓮云，幽人先已醉浓芬。

天门冬熟新年喜，米曲春香并舍闻。

盆栽天门冬

野外蕺菜

蕺菜

(*Houttuynia cordata*)

多年生草本植物。别名鱼腥草。生长于阴湿的山谷、林缘地带。其植株有一股鱼腥气味，故得名。据说，我国食用蕺菜已经有两千多年的历史。相传春秋时代越王勾践卧薪尝胆时，曾带领众人择蕺菜而食之，以充饥。其叶近心形，花白色，可供观赏。花期 4—7 月。植株较大时易倒伏，故盆栽宜选株型较小者。可用园土种植，易成活，栽培较容易。

盆栽蕺菜

四季秋海棠

（*Begonia cucullata*）

多年生常绿草本植物。原产巴西，我国各地均有引种栽培，作为观赏花卉。由于其繁殖力强，现常见于房前屋后、路边沟渠，喜欢湿润环境，稍耐阴。茎直立，稍肉质；叶卵圆形，边缘有毛，色泽亮丽。四季均可开花，花淡红带白色，成簇成团，妍美华丽。盆栽可用腐叶土掺粗沙。栽培容易，浇足水即可。

野外四季秋海棠

一般认为，古代诗词中常见的"断肠草"是指与四季秋海棠同属的秋海棠。清代吴其濬所撰的《植物名实图考》载："断肠草丛生，根如商陆，叶类蓼而大，茎有节，当心抽花，蕊数十作穗，花淡红色。"由此形态描述看，确实为秋海棠。此别名源于一个传说：古代一位女子，每天倚墙翘望，期盼远方的心上人归来，可至死也没有等到，她的血泪化成墙边的秋海棠。相思苦恋断人肠，由此秋海棠得"断肠"之名。秋海棠品种繁多，形色各异，不过它们有一共同的特征：茎叶肉质，外形柔弱，花色粉嫩。——这或许也是秋海棠与这一传说中的女子扯上关系的一个原因。

盆栽四季秋海棠

夏枯草

(Prunella vulgaris)

多年生草本植物。适应性强，生长于荒地、路旁。4 月开花，其茎秆顶部长出棒槌状的花穗，花紫色，极为绚烂。至 5 月，花穗渐枯死。古人以为夏枯草“禀纯阳之气而生，得阴气而亡”，为“纯阳之草”，可以去除体内的阴邪之气，因此古医书上很早前就有关于夏枯草的记载。夏枯草是较理想的观赏盆栽野草，栽培容易。

◀ 野外夏枯草

▶ 盆栽夏枯草（1）

盆栽夏枯草（2）

河北木蓝

(Indigofera bungeana)

直立灌木。其叶片提取的汁液可用于染布，故名中有“木蓝”二字。适应性强，喜阳光，也耐阴。夏季开花，花色紫红，常作为公园、公路两侧绿化树种。现野外见到的小苗多是作为园林栽培的河北木蓝，其种子落到地上后长出的。其幼树叶片呈椭圆形，对生，显得端丽清雅，适于盆栽。可选取两三苗组合盆栽，注意它们之间的组合协调。可放室内明亮处摆设。管理上无特殊要求。

野外河北木蓝

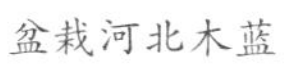

盆栽河北木蓝

河北木蓝花朵

木蓝属植物(统称木蓝)是传统制作蓝色染料的植物,《群芳谱》载:“槐蓝，叶如槐叶，皆可作靛。”这里的“槐蓝”就是指木蓝。早在宋代郑樵所撰的《通志·昆虫草木略一》就有记载:“蓝三种:蓼蓝染绿;大蓝如芥，染碧;槐蓝如槐，染青。三蓝皆可作淀，色成胜母，故曰青出于蓝而胜于蓝。”文中说的是蓼蓝、大蓝、槐蓝(木蓝)3种植物都可用于制作蓝色染料，不过它们所染的颜色深浅有所不同。崇美爱美，乃人之天性。一袭蓝衣裳，寄托了多少古人对美的向往，凝聚了多少古人的智慧。

草民笔记

南欧大戟

（*Euphorbia peplus*）

一年生草本植物。原产于地中海海岸，现广布世界各地。生命力强，生长于草地、路旁。植株多分枝，叶匙形，叶色翠绿，十分养眼。盆栽可选单株或两三株合植，基质用园土即可。如合植，须挑选大小不一且协调的植株。日常浇水遵守“不干不浇，浇必浇透”的原则。管理较容易。

野外南欧大戟

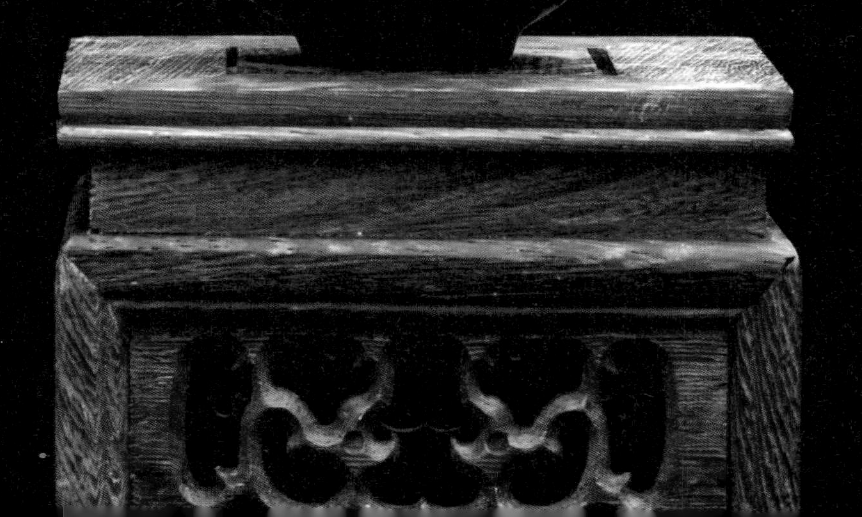

盆栽南欧大戟

阔叶山麦冬

（*Liriope platyphylla*）

多年生常绿草本植物。喜湿润、半阴的环境，生长于林下、山坡。叶片丛生，带状，形似兰花（叶脉明显不同）。夏季开紫色花，成串，艳美。栽培容易，可用粗沙掺园土种植，置于室内明亮处观赏。期间不要浇过多的水，掌握“不干不浇，浇必浇透”的原则。

野外阔叶山麦冬　　阔叶山麦冬果实

阔叶山麦冬的外观与兰花相似，因此在欣赏阔叶山麦冬时，脑海中自然或多或少地呈现兰花的意象，有意无意间有了赏兰的审美体验。兰花在国人的心目中，有着尊高的地位。有学者统计，在《先秦汉魏晋南北朝诗》出现最多的植物是兰花（共9747首中占465首）。其实，那时所说的兰花与我们现在所看到的兰花不同，它是一种香草，用于佩带驱邪及沐浴。不过，这不影响兰文化的传承。由于先哲圣贤、骚人墨客将兰花比德君子，形成了格调高雅的兰花文化。由此，兰花成为中国传统文化的“形象代言人”，也成为传统文化的一个符号。

盆栽阔叶山麦冬

盐麸木

(Rhus chinensis)

落叶小乔木或灌木。别名盐麸木。生长于向阳的山坡、疏林、灌木丛中。生命力强。叶片卵形，新叶冬季呈粉红色，娇嫩可人。果实上覆有一层食盐状白色粉末，像是涂抹在皮肤上一样，因而得名“盐肤木”。冬季选叶色美艳者上盆，赏其叶。栽培较容易，无特殊要求。

野外盐麸木

盆栽盐麸木

小蜡

(Ligustrum sinense)

落叶灌木或小乔木。喜高温、湿润的气候，生长于林下、山谷、溪边。夏季，满树白花，香气四溢，因此颇受人们喜爱。因它与女贞形态相似，较女贞小些，而女贞有蜡树之称，故被称为“小蜡”。它们都是白蜡虫的寄主植物，白蜡虫在它们身上会吐出蜡，古人取之制作蜡烛。盆栽选取小蜡小苗，可借鉴树木盆景造型形式。采用有底孔浅盆，基质宜疏松沥水，可用腐叶粗沙掺腐叶土。可摆设在室内明亮处，忌积水。

野外小蜡

盆栽小蜡

空心藨

(Rubus rosifolius)

直立或攀援灌木。生长于山坡或林下等地，较耐阴。茎和花梗上疏生小刺，叶缘锯齿状，冬季新叶常呈红色。夏季结红色果实，果实中空，故也称“空心泡”。盆栽选择株形、叶色较理想者。用园土种植，可置室内明亮处摆设。土干时浇水即可。

野外空心藨

盆栽空心藨

菝葜

(Smilax china)

落叶攀缘状灌木。喜稍偏干土壤，生长于山坡、荒地。它的根状茎可以提取淀粉和栲胶，古人将其作为屠苏酒的原料，也用于泡茶。茎有刺和卷须，叶片多为椭圆形，有时带褐色斑块，色彩斑斓。世界名著《飘》中写道："到处挂满常春藤、葡萄藤和菝葜藤缠绕在一起的雅致的藤条，挂在墙上环形的彩饰架上，装饰在窗户上……"可见其观赏价值早已得到人们的认可。盆栽挖掘时，注意其根较长，尽量深挖，保留完整。须用有底孔盆器种植。管理上无特殊要求。

野外菝葜

盆栽菝葜

茅莓

(*Rubus parvifolius*)

落叶小灌木。喜欢阳光充足、湿润的环境，生长于荒野、杂木林下。枝条弯曲生长，茎上有倒钩刺。夏季开花，花粉红色至紫红色。果圆形，鲜红，晶莹剔透，甚美。盆栽可在花期，选带花幼苗。基质用园土，也可掺些腐叶土。植株可直立或斜立。平时及时浇水即可。

▲ 野外茅莓

▶ 茅莓果实

盆栽茅莓

贯众

(Cyrtomium fortunei)

常绿蕨类植物。喜半阴、湿润的环境，无法在干旱的地方生长。其拉丁学名的第二个词（种名）是为了纪念19世纪苏格兰园艺学家罗伯特·福特尼。福特尼曾窃取中国种茶制茶工艺，带到印度，使在国际茶叶市场上独领风骚的中国茶叶从此衰退。贯众叶姿优雅，适于室内明亮处摆设。栽培较为容易，可偏湿栽培，避免土壤过干。

野外贯众

盆栽贯众

杯盖阴石蕨

(*Davallia griffithiana*)

野外杯盖阴石蕨

小型附生蕨类植物。喜温暖、湿润的环境，常生长于阔叶林中树干上或岩石上。其叶片较狗脊细碎，根状茎长而横走，密被鳞片（白色茸毛状），似狼尾，因而又称“狼尾蕨”。盆栽应用透气性的盆器，忌用无底孔盆器。栽培基质也要疏松透气，可用少量腐叶土掺小颗松树皮块或粗沙或碎花生壳（盐煮花生的壳不可用）等。日常管理与其他野草相似。

杯盖阴石蕨的“狼尾”毛茸茸的，惹人喜爱。早在19世纪，欧洲园艺爱好者就追捧来自东方的杯盖阴石蕨。时至今天，日本还有杯盖阴石蕨的“发烧友”。他们的一种做法是：将杯盖阴石蕨根裹在一团球状青苔中，用线绑扎紧，然后将“青苔球”吊挂在合适的地方。这样，杯盖阴石蕨的根状茎就会长在“青苔球”表面，便于欣赏。平时只要往“青苔球”上喷些水即可。

盆栽杯盖阴石蕨

乌蕨

（*Odontosoria chinensis*）

常绿蕨类植物。喜半阴、湿润的环境，林缘潮湿处常见。乌蕨的叶片看起来更为细碎，显得秀雅。在野外，有的植株高可达 1 米，盆栽一般选择株高 10~30 厘米者。乌蕨管理容易，耐摆设，是理想的盆栽植物之一。盆可用无底孔的，土壤可用园土或腐叶土掺沙。也可将其附于石上生长。可摆设于室内明亮处。注意浇足水；平时见叶片枯黄，剪去即可。

野外乌蕨

▲
盆栽乌蕨（1）

▶
盆栽乌蕨（2）

江南卷柏

(Selaginella moellendorffii)

土生或石生草本植物。喜欢阴湿环境，耐旱性强，生长于林下或溪边。植株地下有一横走的地下根状茎和游走茎。植株直立，叶片细碎，看起来有柏树之气质，适于盆栽观赏。有时可见到江南卷柏色彩呈黄色或古铜色等。可用粗沙掺少量腐叶土或园土种植，置于室内明亮处摆设。平时干时浇水即可。

野外江南卷柏

江南卷柏，叶片疏朗，秀美雅致，更为难得的是色泽变化之丰富。在野外除了绿色，还有多种颜色的江南卷柏，有的绿中泛黄，有的黄中泛绿，有的纯黄色……像是造物主用黄色和红色调出——因绿与红的比例不同，便呈现不同的颜色。其中，笔者最为喜爱的是一种红黄交融的颜色。这种色介于红黄之间，类似橙色，而又不完全与橙色相同，有人称之为朱金色。其色泽艳而不俗，给人梦幻般的感觉。至于江南卷柏变色的缘由，或与生长环境有关，或与季节有关。具体来说，应该与光照和(或)温度条件有关。

▲
盆栽江南卷柏（1）

▶
盆栽江南卷柏（2）

肾蕨

(Nephrolepis cordifoliav)

附生或土生蕨类植物。喜欢阴湿的环境，附生或地生，常生长于林缘或山涧边。叶片秀雅，具有一定的观赏价值。盆栽可用疏松的土壤，如用腐叶土掺分化的岩石或砖粒等颗粒植料种植，置于室内明亮处。平时不时可往叶片喷洒水。缺水或阳光暴晒，会导致叶片顶部枯黄或叶片黄化；充足的水分和适当的散射光有助于保持叶片翠绿。

野外肾蕨

盆栽肾蕨（1）

盆栽肾蕨（2）

半边旗

(Pteris semipinnata)

土生蕨类植物。生长于阴湿的环境中。它长得与众不同，半边有叶，半边没叶，就像一面旗，故得此名。叶片翠绿，有较高的观赏价值。耐阴，可摆放在室内明亮处，是理想的室内盆栽植物之一。盆栽可用无底孔盆，土壤宜用园土掺沙土。平时注意供给充足的水分，忌缺水。株形不佳时，应予以修剪。

野外半边旗

盆栽半边旗

高耸挺拔式盆栽野草

高耸挺拔式盆栽野草，植株高挑挺立，玉树临风，给人气宇轩昂之感。其中一些植株特别瘦高者，似盆景中的文人树风格，饶有传统文化的审美意趣，耐人寻味。

泽珍珠菜

(*Lysimachia candida*)

一年生或二年生直立草本植物。多见于田边、田坡等地。其名中“泽”，表明它的习性较好水；“珍珠”，比喻它的花色似珍珠般洁白；“菜”，或许说明它可作为果腹野菜。花成团开于顶部，小花开得极为规整，色泽纯白圣洁。夏季开花，花后花葶上井然有序地排列着小果实，显得典雅别致。盆栽容易，提供充足的水分即可。最好摆放在阳光较充足处，否则容易徒长，观赏性下降。

野外泽珍珠菜

盆栽泽珍珠菜（1）

盆栽泽珍珠菜（2）

野外刻叶紫堇

刻叶紫堇

(*Corydalis incisa*)

二年生或多年生直立草本植物。喜温暖湿润、半阴的环境，常见于田边、林下。野外常成片生长，蔚为壮观。叶似芹菜叶。春季开花，花如小鸟状，花色紫红色或紫色，成串聚于花秆顶部，花远高于叶面，有一种浪漫而优雅的情调。盆栽对盆器、土壤等无特殊要求。栽培管理容易，较耐摆设，是较理想的盆栽野草。

盆栽刻叶紫堇

野老鹳草

(*Geranium carolinianum*)

▶ 盆栽野老鹳草

▼ 野外野老鹳草

一年生草本植物。生长于路边荒地，也是农田常见的杂草。果实如老鹳的嘴巴，因此被称为“野老鹳草”。民间另有一个传说：药王孙思邈在四川治病期间，见老鹳鸟常吃这种草，而老鹳鸟长年生长在水域而不得风湿病，因此他猜测这种草或许可以治风湿病。后来，经他实践，果然如此。他还把这种草称为“野老鹳草”。此草成年株老叶易枯黄，可选挖株形理想的小苗上盆。其叶生长有序，如伞状互生，有一种清雅之感。栽培较为容易。

虎耳草

（Saxifraga stolonifera）

多年生常绿草本植物。生长于阴湿的山边岩隙。因其叶片挺括，形似虎耳，且两面具毛，得名“虎耳草”。叶面翠绿色，叶背多紫红。夏季开花，花梗高，两枚白花瓣尤长，整个花形呈鸟飞翔状，观赏价值高，常被附石（吴定石吸水性强，尤佳）供观赏。盆栽宜用透气性好的沙包土等种植。其匍匐茎紫红色，可长出叶片和不定根。将虎耳草匍匐茎置于石上，一段时间后长出根后即附着于石上。栽培较为容易，注意供给充足水分，忌缺水。植株过于繁茂时可疏去大苗，留下部分小苗。

野外虎耳草

附石虎耳草

清朝乾隆皇帝酷爱作诗，一生写了4万余首诗，数量几乎可以和《全唐诗》相媲美。他曾写过一首与虎耳草有关的诗：

贴地钱如贴水钱，
挺梢细花亦鲜妍。
别名只以称虎耳，
小犬金铃见悚然。

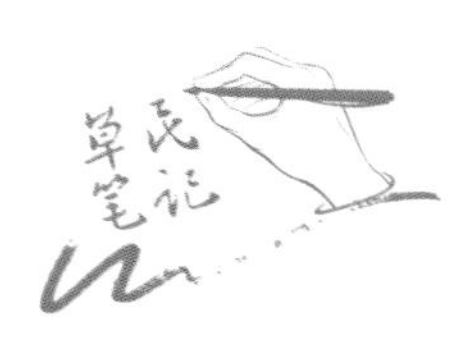

盆栽虎耳草

田野水苏

(*Stachys arvensis*)

一年生草本植物。生长于田间或荒地。一年四季均可开花，其花萼片为褐色、花冠为红色，分层呈轮状生于茎顶部。生长于水分充足处的植株较高，相反则矮些。盆栽宜选用植株较矮者，可少量一两株盆栽，植成文人树风格；也可多苗合栽，植成丛林风格。栽培较容易，注意避免缺水，否则容易造成叶片枯黄，影响观赏价值。

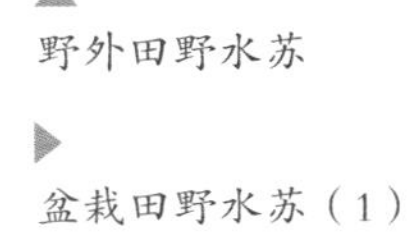

▲
野外田野水苏

▶
盆栽田野水苏（1）

盆栽田野水苏（2）

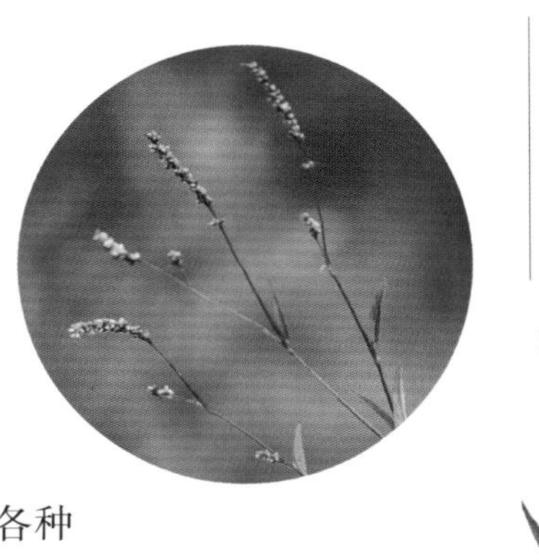

◀ 野外春蓼

▼ 盆栽春蓼（1）

春蓼

(Persicaria maculosa)

一年生草本植物。我们平时见到的各种蓼草多为蓼科蓼属植物。蓼科蓼属分类较复杂，至今植物学家还在争论。早在《诗经》中就提到一种蓼——蓼蓝，用于染色。清朝陈淏子的《花境》提到春蓼。春蓼生长在田边沟旁等地。叶绿色，有时也呈红色，秆紫红色，花穗鲜红色。盆栽主要观赏其色泽之美。生长于较阴处的春蓼，长得格外挺拔高挑，适于植成文人树风格的盆栽。盆栽对土壤没有特殊要求，管理也较容易。

在乡野间，春蓼随处可见。一天，我在清理兰盆上的杂草时，看到两株春蓼长得格外清秀挺拔。究其原因或许是兰园有遮阴，导致植株徒长。于是，我便小心地将其挖起。恰巧手上有一个底部破损的小茶壶，便将它植入其中。植后托掌观赏，效果尚可，颇有一点文人树的意味。笔者虽不事盆景，但喜好欣赏文人树，以为文人树是陶渊明“结庐在人境，而无车马喧”的心气，是苏东坡“一蓑烟雨任平生”的洒脱，是唐伯虎“但愿老死花酒间，不愿鞠躬车马前”的风骨。笔者制作穿叶异檐花、青葙、地耳草、水苏等小盆栽时，或多或少借鉴了文人树的理念和制作手法。

草民笔记

盆栽春蓼（2）

青葙

(*Celosia argentea*)

一年生草本植物。喜温暖，不耐寒，多生长于阳光充足的荒地。5—8月开花，花穗上部呈粉红色，下部呈白色，形似狗尾草，故也俗称“狗尾草”。其实，它与真正的狗尾草相比，多了些媚色。青葙可选挖两三苗上盆，植成略有盆景意味的盆栽。栽种时，注意茎秆间距和姿态。日常管理中，应给予充足的水分，忌积水。

野外青葙

明代李时珍《本草纲目》载：“青葙生田野间。嫩苗似苋，可食，长则高三四尺，苗叶花实与鸡冠花一样，无别。”古人常将青葙与鸡冠花混淆。其实，两者同属苋科青葙属，形态确实相似，青葙也有“野鸡冠花”之称。从观赏角度看，鸡冠花经过园艺培育，其花硕大华丽，视觉冲击力强；而青葙花朵纤雅，给人玉树临风之感，一繁一简，环肥燕瘦，各美其美。

盆栽青葙

野外地耳草

地耳草花朵

地耳草

（*Hypericum japonicum*）

一年生或多年生草本植物。多生长于荒地、果园林下，也生长于沟边或潮湿地带，可见它较喜湿。茎秆多笔直，叶片卵形、对生，紧抱在茎秆上。因其叶片形似耳朵，故名“地耳草”。或许是受低温影响之故，在山区常见下部叶呈黄绿色或红绿色的植株，显得色彩斑斓，格外可爱。夏季开黄色小花。地耳草耐水，可用无底孔盆器种植。一盆可植两三苗或更多苗，各有趣味。管理上注意不缺水。栽培容易，耐摆设，是理想的盆栽野草之一。

盆栽地耳草（1）

盆栽地耳草（2）

穿叶异檐花

(*Triodanis perfoliata*)

一年生草本植物。原产于南美洲和美国，为外来入侵物种。生长于田边路旁。茎秆多直立，但不像地耳草那么笔直，略做摆动状，显得婀娜多姿。4—5 月开花，花不大，为紫蓝色，格外醒目。盆栽应选茎秆姿态理想者，可两三苗或多苗植于一盆。植时注意茎秆之间的协调。栽培较为容易。

野外穿叶异檐花（宋纬文提供）

穿叶异檐花花朵

盆栽穿叶异檐花

野外天南星

天南星

(Arisaema heterophyllum)

多年生草本植物。喜阴湿环境，常生长于湿度较高的林下、山涧旁。其叶呈星形放射状，茎直立，无分枝。盆栽可用浅盆，以显其挺拔的植株。土壤可用疏松腐叶土。平时可稍多浇水，但也不宜过多。光照半阴即可，可摆放于临窗的窗台或书桌上。其色翠绿，其姿清瘦，独有风骨。

盆栽天南星（1）

盆栽天南星（2）

窃衣

(*Torilis scabra*)

一年生或多年生草本植物。喜光，喜湿润，生于山坡、荒地。它的名字听起来有点怪，与它果实表面布满倒钩刺有关。枝叶似芹菜，但比芹菜小些，故也被称为“假芹菜”。它的茎并不像其他植物一样笔直而立，常每一节稍作左右摇摆状，别具风姿。枝叶繁茂，叶色翠绿，充满生命气息。盆栽选高度适中、株形优雅者，用园土上盆。平时浇水遵守“不干不浇，浇则浇透”的原则。

野外窃衣

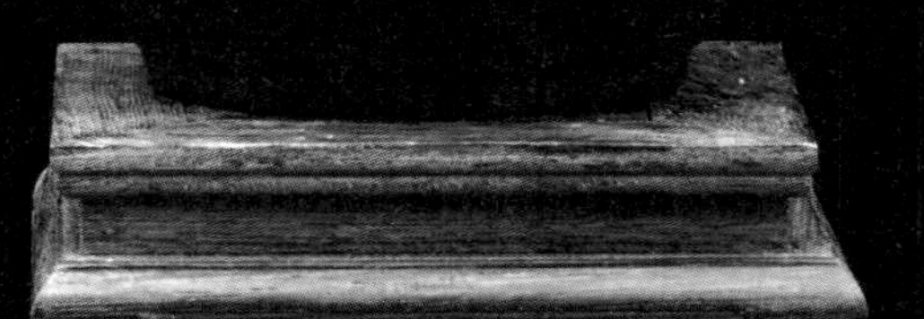

盆栽窃衣

野外益母草

益母草

(Leonurus japonicus)

一年生或二年生直立草本植物。喜欢阳光，适应性强，生长于荒地山野、田边地头。从名称可知，它是一种可治疗女性疾病的草药。叶片有点像菊花叶，茎直立，夏季开花时茎上部花朵呈一节一节排列，花色粉红或紫红。植株往往较高大，盆栽宜选植株较小者，可一盆一两株或多株。盆器忌用无底孔盆器，基质可用疏松的土壤。栽培期间忌积水，否则叶片（尤其是基部叶片）容易枯黄。

益母草是名草，历代本草均记载其药用价值。在《诗经》中有一首借益母草比兴的弃妇诗：

“中谷有蓷，暵其干矣。有女仳离，慨其叹矣。慨其叹矣，遇人之艰难矣！”（译文：山谷中的益母草，叶枯花槁哟。有位弃妇，满腔怨苦声声叹哟。满腔怨苦声声叹哟，嫁个善人何其难！）

该诗除此一章外，尚有两章，反复吟唱，唱出了弃妇的怨情和伤感，让人动容。然而，在数千年历史中，遇人不淑的情伤故事，何时中断过？！诗中以“蓷”（益母草）为比兴对象，或许是当时益母草作为妇女常用药，与妇女关系密切之故。

盆栽益母草

野芋

(Colocasia antiquorum)

多年生湿生草本植物。顾名思义，野芋即野生芋，不过野芋有毒，不可食用。喜欢阴湿的环境，生长于林下山谷、山涧溪边。叶片盾形。盆栽选择小苗，用园土种植。浇水不宜过勤，否则生长过快。株形不理想时，随时将破坏株形外观的叶片剪除。

野外野芋

盆栽野芋

碎米蕨

(Cheilanthes opposita)

土生蕨类植物。喜欢阴湿环境，生长于溪边、林下石缝。植株较小，叶片细碎如米，清雅秀美，观赏价值较高，是理想的室内盆栽野草。可选择叶片完整、形态优雅的碎米蕨两三株，用疏松透气的基质（如粗沙掺腐叶土等）种植。植后摆设于书桌或茶几上，装饰效果佳。平时及时浇水即可。

野外碎米蕨

盆栽碎米蕨（1）

盆栽碎米蕨（2）

井栏边草

（*Pteris multifida*）

中小型土生蕨类植物。也称“凤尾草”。喜湿润、半阴环境，生长于林缘阴湿处、墙角缝隙处。因常见于井口边及井栏边，故名“井栏边草”。叶片带状，清秀雅致。生命力较强，适于室内栽培观赏。移栽时可选择株形叶姿较理想者。对土壤没有特殊要求，管理也容易。

野外井栏边草

盆栽井栏边草

野外木贼

木贼

(*Equisetum hyemale*)

多年生直立蕨类植物。木贼是一种古老的植物，喜欢潮湿土壤，常生长在溪边、沟旁、山坡地上。古人用它当砂纸来刨光木的表面，有“锉草”“擦草”之称。其刨木之所为如木之贼，故名“木贼”。它的长相与众不同，看起来无枝无叶，茎秆直溜溜的，像竹一样有节。一盆可植数秆或一丛。植数秆时，尤需注意茎秆的朝向、高低和疏密搭配。平时管理注意不要缺水。

盆栽木贼（1）

盆栽木贼（2）

斜出灵动式盆栽野草

斜出灵动式盆栽野草，植株明显向一侧倾斜，显得活泼生动，富有动感。这种倾斜大多是野草在野外受到环境条件的影响（如光照不均匀）所致，也与野草的生长习性有关。

韩信草

(*Scutellaria indica*)

多年生草本植物。生长于山边路旁、疏林荒地。据说，当年韩信带兵打仗，伤员受伤，他让士兵服用这种草药熬的汤，效果甚佳，于是士兵就把这种草叫“韩信草”。夏季开花，花冠呈蓝紫色，前部如唇形，成串开放，雅致可人。开花后留下一串形似耳挖勺的盾状物，饶有趣味。栽培容易，可用一般园土栽培。耐摆设，勤于开花，是理想的小盆栽野草。

野外韩信草

盆栽韩信草（1）

盆栽韩信草（2）

活血丹

（*Glechoma longituba*）

多年生草本植物。喜阴湿的环境，生长于田野、草丛中及疏林下。株型小，具有匍匐茎，茎节可生根。叶片呈圆形，似铜钱状，故有“铜钱草”之称。又因其叶有点像薄荷，植株有一种淡淡的芬芳气味，揉后香气更浓，故又有“野薄荷”之称。四五月间开淡紫色花，有香气，十分典雅。可选小苗盆器种植，置于茶桌、书桌上。管理容易，注意不可缺水。

野外活血丹

盆栽活血丹

草民笔记

国人对于植物的欣赏，固然注重其形态，但也注重其香气。形美味香者，品高一等。早在战国时期，芳香植物就受到国人推崇，并得到广泛的应用。那时候，人们用芳香植物煎水沐浴，制作香囊、香枕，随身佩带芳香植物。屈原《离骚》云："扈江离与辟芷兮，纫秋兰以为佩。"这里的"江离""芷""秋兰"都是指芳香植物。意思是，把江离、白芷披在肩上，把秋兰结成饰品挂在身上。古人对香气的崇尚，已进入了一种精神层面，将香气类比美好的人或事。屈原又披又带芳香植物，也在自喻高洁。汉代刘向《说苑·谈丛》说："十步之泽，必有香草；十室之邑，必有忠士。"将香草喻指人才。

北越紫堇

(Corydalis balansae)

二年生从生草本植物。田间地头可见。叶片细粹；茎较粗大，呈褐色或暗红色；夏季开花，花长喇叭形，黄色至黄白色，一串顶生。可用稍大盆器植三四苗，选植株完整且带花者。种植时注意花梗错落向背。盆栽北越紫堇给人清秀雅致之感。

野外北越紫堇

盆栽北越紫堇

小叶冷水花

(*Pilea microphylla*)

多年生小型草本植物。常见于路上石缝和阴湿的墙上。植株矮小，茎肉质，叶小，花也小。据说，花开时节轻轻震动植株，便会弹散出一团烟火般的花粉，煞是好看，故在美洲有“礼花草”之称。其枝叶略有松柏意韵，盆景上常用作附石点缀。盆栽最好选用阴湿处的植株，因其格外清翠明丽，或许是阳光稍少、空气湿度较高之故。栽培容易，供给充足的水分即可。

野外小叶冷水花

盆栽小叶冷水花

乌蔹莓

(*Causonis japonica*)

草质藤本植物。生长于灌木林下或山谷林中。喜光，耐半阴；好湿，也耐旱。叶片由五片小叶组成，呈鸟趾状。李时珍在《本草纲目》中说乌蔹莓：“五叶如白蔹，故曰乌蔹，俗称五爪龙。”早在《诗经》中就有关于乌蔹莓的诗句，作者借以表达对故去亲人的思念之情。有的乌蔹莓幼苗叶片红绿交融，变化丰富。生命力强，栽培容易，用园土种植即可。管理也不用太费心。

野外乌蔹莓

草民笔记

《诗经·唐风·葛生》曰：

“葛生蒙楚，蔹蔓于野。予美亡此，谁与？独处！（译文：葛藤覆盖了荆树，乌蔹莓蔓延于荒野。我的至爱长眠在这里，有谁陪伴？自守孤独！）

葛生蒙棘，蔹蔓于域。予美亡此，谁与？独息！”（葛藤覆盖了丛棘，乌蔹莓蔓延于坟茔。我的至爱长眠在这里，有谁陪伴？独自安息！）

诗以“葛”和“蔹”起兴，倾诉了对已故爱人的无尽思念。诗何以用两种藤本植物表达情愫？大概是缘于藤本植物蔓延的习性与绵长的思念之情有某种相似之处。在传统植物文化中，常常借助植物的某种形态特征或生长习性，承载与之相契合的情感、品格、思想，由此塑造了植物的精神格调，赋予植物丰富的文化内涵。我国传统审美观讲求含蓄委婉，甚少直白表达，于是便有了借物抒情、托物言志、观物比德的表现手法。

盆栽乌蔹莓

异果拟乌蔹莓

(Pseudocayratia dichromocarpa)

▶
盆栽异果拟乌蔹莓
▼
野外异果拟乌蔹莓

半木质藤本植物。生长于灌木林下或山谷林中。与乌蔹莓算是“兄弟”(同一属植物)，形态、习性均较相似，但其叶较大，且叶片具细茸毛，故也称“大叶乌蔹莓”“白毛乌蔹莓”。叶色变化丰富，有时绿色叶片中央呈白色。盆栽可用园土种植。小苗直立，稍长枝条即下垂，故可作悬垂式盆栽。生命力强，管理容易。

野外石菖蒲

石菖蒲

(*Acorus tatarinowii*)

多年生草本植物。喜阴湿环境，生长于山涧、水沟、石缝或石面上。叶片带状丛生，清雅可人，自古受文人墨客喜爱，是著名的传统盆栽野草。明代王象晋在《群芳谱》中说："乃若石菖蒲之为物，不假日色，不资寸土，不计春秋，愈久则愈密，愈瘠则愈细，可以适情，可以养性，书斋左右一有此君，便觉清趣潇洒。"盆栽可寻植株完整、大小适中的一丛石菖蒲，连同附着的小石头取回，放在无底孔的浅盆中，置于室内明亮处。平时保持盆内不断水，水位不宜过高，最好让植株基部露出水面；如个别叶片黄化，则剪除。整丛生长不佳时，可从整丛基部剪去（俗称"剃头"），让其萌发新苗。

盆栽石菖蒲

附石石菖蒲

少花龙葵

(*Solanum americanum*)

一年到二年生纤弱草本植物。喜阴湿，生长于田埂地头、渠旁溪边。其花较小，白色；果圆球形，初为青色，后为黑色。花果期长，几乎全年可开花结果。果实光泽好，如珍珠般晶莹剔透，是上佳的盆栽观果野草。株型一般较高大，可在阳光充足处寻找株型较小者。盆栽难度小，易成活。管理得当，可保持较长的观果时间。

野外少花龙葵

盆栽少花龙葵

细齿叶柃

(*Eurya nitida*)

灌木或小乔木。生长于山地林中、山坡林缘灌木丛中。叶片呈椭圆形，革质，新叶略带红色。盆栽选择植株整体形态较理想的小苗，树干或直立或弯曲，均可。直立者有堂堂正正的轩昂之气，弯曲者有正正欹欹的变化之美。单株高挑者可植成斜出状，更显韵致。对栽培要求不高，用园土即可，管理无特殊要求。

野外细齿叶柃

盆栽细齿叶柃

马银花

(Rhododendron ovatum)

常绿灌木。生长于灌丛中，喜凉爽、湿润的环境。马银花与杜鹃花是同属植物，因此从植物形态到生长习性均有些相似。夏季开花，花艳美，观赏价值高。盆栽选择小苗，其叶挺括，叶色翠绿，生机盎然。栽培基质宜用疏松、偏酸性土壤，可用腐叶土掺园土和粗沙。忌缺水和强光直射。

野外马银花（宋纬文提供）

盆栽马银花

白英

（Solanum lyratum）

野外白英

草质藤本植物。生长于路旁田边。喜温暖湿润的环境，但也耐旱耐涝。秋末鲜红浆果挂于枝梢，格外醒目。盆栽可用浅盆，可借鉴盆景造型技法。选植株形态较好者，茎秆可直可斜，直中带曲、一波三折者更有韵味。用园土上盆，日常管理与其他野草相似。

白英之名，"白"大概是指其浑身密布的白毛，这是贴切的；"英"的意思是指"一种美感"，笔者觉得过誉了——尤其是白英的幼苗，"细皮嫩肉"，实在没有什么美感。福州等地称白英为白毛藤，此名虽平实，但倒是贴切。"白毛"两字，直接点出其最重要的形态特征之一。一个"藤"字，表明其植物类别。

不过，一些白英老苗，经风吹日晒后，茎叶苍老，再辅以鲜艳的红果，就显得别有韵味。时间，有时也是美的塑造者。

盆栽白英

牛果藤

(Nekemias cantoniensis)

木质藤本植物。生长于疏林或林缘。其叶片有时呈红色，生长过程中叶色会发生变化。盆栽可挖取小苗，也可取一段藤蔓。栽培较容易，对土壤要求不高，管理可稍粗放。牛果藤较为耐阴，适于室内明亮处摆设，可摆设较长时间，因此是较理想的室内盆栽植物之一。植株生长较长时，可予以修剪。

野外牛果藤

盆栽牛果藤（1）

盆栽牛果藤（2）

野外五岭龙胆

五岭龙胆

(*Gentiana davidii*)

多年生矮小草本植物。生长于林下、山坡地。株高一般在 15 厘米以下。适应性强，耐寒。勤开花，花形似喇叭形，花色蓝色，雅致高贵。盆栽可用小盆植一丛，亦可用大盆植多丛。基质可用园土与腐叶土对半掺和而成。充足的养分，有助于开花。日常管理主要做好浇水工作，土壤干后及时浇水。

龙胆的花呈蓝色，清清幽幽，有一种典雅的情调。在我国传统文化里，蓝色象征宁静、高贵、神秘；在西方的色彩文化中，蓝色的寓意是忧郁、沮丧、悲伤，因此它的花语之一是“爱上忧伤的你”。20 世纪英国著名作家、诗人劳伦期曾写过如下诗句：

给我一枝龙胆花，给我一支火炬！

让我用这枝花那蓝色分岔的火炬给自己引路。

盆栽五岭龙胆

野外卷柏

卷柏

(Selaginella tamariscina)

土生或石生蕨类植物。喜欢半阴，生长在石壁面上或石缝中。它有极强的抗旱能力，干旱时小枝卷缩成一团，以保住体内的水分；一旦得到雨水，小枝便舒展开，因此被称为“还魂草”“九死还魂草”。据说，有人把卷柏压制成标本，几年后拿出来浸在水中居然活了，可见其抗旱能力之强。卷柏枝叶形似松柏，因此适于植成略有盆景意味的盆栽。可用疏松的土壤种植，一盆可植一株或多株。初上盆状态不佳，需较长伏盆时间。

盆栽卷柏（1）

盆栽卷柏（2）

迷人鳞毛蕨

(*Dryopteris decipiens*)

▶ 盆栽迷人鳞毛蕨

▼ 野外迷人鳞毛蕨

土生蕨类植物。喜阴湿的环境，生长于林下地面或岩石上。老叶呈绿色，新叶呈浅褐色，着实“迷人”。盆栽主要赏叶，选择株形、叶色俱佳者。基质应疏松透气，如可用粗沙掺一些腐叶土。如个别叶片有碍观瞻，可剪除。可摆设在室内明亮处。日常浇水应及时，忌缺水。

野外团叶鳞始蕨

团叶鳞始蕨

(Lindsaea orbiculata)

土生蕨类植物。生长于疏林下。叶片由一串对生的小叶组成，或直或斜，很有姿态。有的新叶高昂耸立，老叶则簇拥在基部四周。盆栽选株形优雅者，用园土种植。生长较慢，生命力强，栽培容易。适于室内摆设，是理想的室内盆栽野草之一。管理上注意浇水，干时浇透水，避免缺水。

盆栽团叶鳞始蕨（1）

盆栽团叶鳞始蕨（2）

铁线蕨

(*Adiantum capillus-veneris*)

常绿蕨类植物。因其茎呈棕黑色，似铁丝，故名。野外生于流水溪旁石灰岩上。叶略呈扇形，缀成一片，叶色翠绿，有较高的观赏价值，已被作为观赏植物栽培，是理想的盆栽观赏植物。铁丝蕨喜湿耐阴，尤其适合在室内明亮处栽培观赏。可用疏松保湿的基质（如园土或腐叶土掺沙）栽培，忌用黏土；也可附着在石头上，将石头基部浸于盛水的托盆中。日常管理，注意提供充足的水分，注意不要缺水和放在阳光下暴晒。其叶枯黄或株形欠佳时可从基部剪除，又可长出翠绿的新苗。

野外铁线蕨

盆栽铁线蕨（1）

盆栽铁线蕨（2）

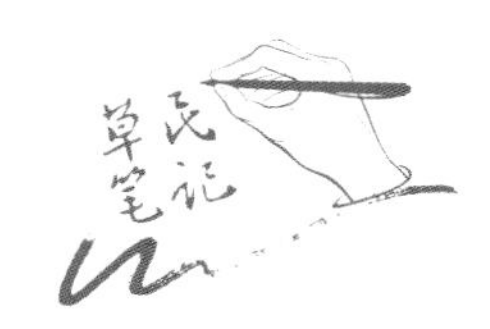

在众多野草中，笔者最喜爱铁线蕨。可以这么说，如果问我：只养一种野草，会选择哪种？答案是铁线蕨。在我看来，铁线蕨有三大好处：一是枝叶雅致柔美，尤其是新枝，鲜嫩可人；二是铁线蕨耐阴，可摆设于书桌案头；三是栽培容易，只要保证给予充足的水分即可，观感不好时一剪了之，过一段时间又长出新枝，可供长久赏玩。笔者最为推荐的养法：取质地稍松（可吸些水）、大小适中的石头，将带些土的铁线蕨根部（枝叶可剪去）用线绑在石头上面，然后再将石头置于托盘上，托盘上蓄些水。一段时间后，铁线蕨根附着在石头上，且往下长到托盘中，此后平时只有保证托盘不缺水即可。

野外狗脊

狗脊

（Woodwardia japonica）

大型草本蕨类植物。高可达 1 米以上。生长于山地酸性土上，喜湿润、半阴的环境，常见于林缘及阔叶林下。叶片较乌蕨宽阔，尤其小苗叶片锯齿更浅，更有块面感，观赏性更强。盆栽选择株形较好的小苗，可用园土或掺部分黄土种植。注意避免土壤过干即可。

盆栽狗脊

繁茂蓬勃式盆栽野草

繁茂蓬勃式盆栽野草，枝叶聚集呈现，显得郁郁葱葱、绿意盎然。一些野草单株过于单薄，多株植在一块，则别有一种风情；还有些野草丛生，茎叶葳蕤，给人欣欣向荣之感。

野外车前

车前

(Plantago asiatica)

多年生草本植物。适应性强，常见于农村房前屋后。相传汉代名将马武带兵打仗，官兵和战马都得了尿血症，马夫偶然发现吃了一种野草的马却不治而愈。马将军得知后大喜，问此草生何处？马夫用手远指着说：“就在车前面。”“好个车前草！”马武当即命令全军吃此草，服后果然治愈了尿血症，“车前”之名因此而得。《诗经》中曾写到车前，可见它早已引起了古人的注意。车前单株或少数株上盆栽培，观赏效果不大理想，但选植株较小、叶色翠色者多株集合上盆，观赏效果上佳。栽培较为容易。

盆栽车前

南北朝梁代陶弘景撰写的《本草经集注》说，车前“人家路边甚多”。正是因为它好长于路上，因此又有“当道”之名。有趣的是，在人迹罕至的山野，很少见到车前草，它似乎很喜欢与人为伴，这是什么原因呢？原来，车前种子表面有一层黏性种皮膜，这层种皮膜常因吸收湿气而呈黏胶状。当人、动物或交通工具踩踏或碾过车前植株时，它的种子就附在鞋底、兽足或车轮上，由此跟随附着体远走他乡，浪迹天涯。据说，车前当年跟随哥伦布一行，从欧洲横渡大西洋，到达美洲。这么说来，日本人称车前为“踏迹植物”，是十分准确的。

鼠曲草

(Pseudognaphalium affine)

一年生草本植物。也叫“鼠麹草”。常见于田间。李时珍在《本草纲目》中说，它的叶形像鼠耳，也是毛茸茸的样子；花色如酒曲，也可掺入米面中食用，故名“鼠曲草”。民间清明前有采嫩茎食用或做成粿的习俗，因此它也叫“清明菜”。鼠曲草叶片有银色般光泽，花色金黄，颇有美感；但大多茎长叶疏，形态欠佳，观赏效果差。不过，挑选叶片较紧凑者上盆，效果尚可。栽培期间，注意控水。

野外鼠曲草

鼠曲草花朵

在我国，清明时节采食鼠曲草的风俗颇为普遍。清朝学者连横在
《台湾诗乘》中写道：“宜雨宜晴三月三，糖浆草粿列先龛。”诗中
所说的“草粿”就是由鼠曲草和米粉制作而成。著名作家周作人在《故
乡的野菜》一文中曾介绍了这种粿的做法：“春天采嫩叶，捣烂去汁，
和粉作糕，称黄花麦果糕。”在福建，这种粿或糕多称为“清明粿”“清
明粑”“清明馍馍”等。据说，清明节食用清明粿的风俗，源于历史
上由北方迁徙至江浙沪闽一带湿热地区的移民们，为解决水土不服和
痢疾问题，食清明粿“以压时气”。这种中华传统食俗，早年甚至
流传至日本，沿袭至今。

草民笔记

盆栽鼠曲草

红花酢浆草

(Oxalis corymbosa)

野外红花酢浆草

多年生直立草本植物。它是最常见的一种野草，在城市的公园、小区、农村的路旁房周都可以见到。它的茎吃起来酸酸的，故别名有“大酸味草”（广州）、“酸酸草”（福州）。花果期3—8月，花期长。盆栽最好选挖树阴下含苞待放的植株，其叶较全日照下的叶片青翠些。株型宜矮壮，不宜过大，过大易倒伏折断。红花酢浆草虽常见，但想选出株形理想者有一定难度。植后最好置于阳台或室内窗台上。若光线过暗，则花叶呈闭合状。

红花酢浆草随处可见，然而从它身边匆匆而过的路人，能有几人驻足观赏？！其实，红花酢浆草三枚心形叶及高耸的小红花玲珑俏丽，可堪玩赏。或许，停下你的脚步，俯身下蹲，你便会发现草丛中的它别具风情；或许，你闲坐品茗之时，不经意的一瞥，亦可感受到茶几上盆栽的它有可人之处。美的发现固然需要眼光，但无所挂碍的闲适心情却是少不得的。有人说“美是一种心境”，此话不无道理。

灯芯草

(Juncus effusus)

多年生草本植物。喜湿，常见于水田、沼泽。叶片退化，茎细而高，盆栽选用株型较小且叶尖未枯焦者。可用无底孔器皿。小丛或大丛种植，各有风姿：小丛者，如青葱高挺，清瘦雅致；大丛者，如森林密布，气势不凡。栽培期间注意及时浇水，忌缺水。

野外灯芯草

盆栽灯芯草

野外小二仙草

小二仙草

(Gonocarpus micranthus)

多年生草本植物。喜阳光，适应性强，生长于荒山草丛。叶片小，对生，似豆瓣，故又称“豆瓣草”。夏季开花，花极小，红色。盆栽可单株上盆，也可用较大盆器成片种植。采用后者种植法，应选成片密集生长的小二仙草，用铲子小心地带土铲下大小合适的一块；种植时先填上园土，至近盆沿时将铲下的小二仙草草铺上，并压实。如此种植，盆栽小二仙草似一团火焰，格外喜庆。栽培容易。

盆栽小二仙草

野外圆叶节节菜

圆叶节节菜

(Rotala rotundifolia)

一年生草本植物。喜潮湿环境，生长于水田、湿地。株型小，茎直立，带紫红色。叶片近圆形，对生。上半年开淡紫红色的花，聚成穗状。在野外，成片的花开得格外绚烂。盆栽，可在花期小心铲下带土的一块，其大小依盆口大小而定。选用无底孔浅盆，先填一些园土，然后铺上圆叶节节菜。注意提供充足的水分，忌缺水。

盆栽圆叶节节菜

夏飘拂草

(Fimbristylis aestivalis)

一年生草本植物。生长于水田、池塘边，喜潮湿环境。秆密丛生，呈辐射状。叶小如丝，生于基部。小穗单生于枝顶部。盆栽宜选株形优美者，整丛挖掘，用无底孔盆器种植。平时浇水宜勤，宁湿勿干，可保持浅水层，不宜等土完全干后再浇水。

野外夏飘拂草

盆栽夏飘拂草（1）

盆栽夏飘拂草（2）

盆栽夏飘拂草（3）

野外金丝草

金丝草

(Pogonatherum crinitum)

多年生草本植物。喜欢偏湿的环境，生长于田边、路旁。株型小，丛生，秆细硬，叶像竹叶，整体看起来有竹子的韵味。盆栽选生长健康的植株，整丛挖掘。如受环境条件影响，整丛呈斜向生长，别有特色，也可选取。用园土种植。可短期摆设于室内明亮处。平时管理只要及时浇水即可。

盆栽金丝草

野外鸡眼草

鸡眼草

(Kummerowia striata)

一年生草本植物。喜阳光充足的环境，耐贫瘠、干旱，适应性强，生长于山坡、草地。据说，因其花形态似鸡眼，故名“鸡眼草”。叶椭圆形，叶脉醒目，呈“人”字形规整地排列，故也称“三叶人字草”。盆栽应铲下大小适宜的一块，用园土种植。平时注意土壤适当偏干，忌水涝；否则植株徒长，观赏价值下降。

鸡眼草的别名很多，其中有个别名叫“掐不齐”，为什么得此名呢？明代的《救荒本草》中解释说：“以其叶用指甲掐之，作劐（huō，划的意思——引者注）不齐，故名。”也就是说，用指甲掐鸡眼草的叶片，其叶片断面不像其他植物叶片一样，呈直线，而呈“V”形或“人”字形。显而易见，这与鸡眼草叶脉的分布方式有关。

盆栽鸡眼草

野外叶下珠

叶下珠

(Phyllanthus urinaria)

一年生草本植物。喜湿润环境，稍耐阴，适应性强，分布广，生长于田边、菜地，乃至公园、小区。叶片形如豆瓣，互生，整秆茎叶看起来如羽状。花后在茎秆上结小果，故名“叶下珠”。盆栽可两三株合植，也可成片同植。栽培基质可用园土。可摆设于室内明亮处。管理上无特殊要求。

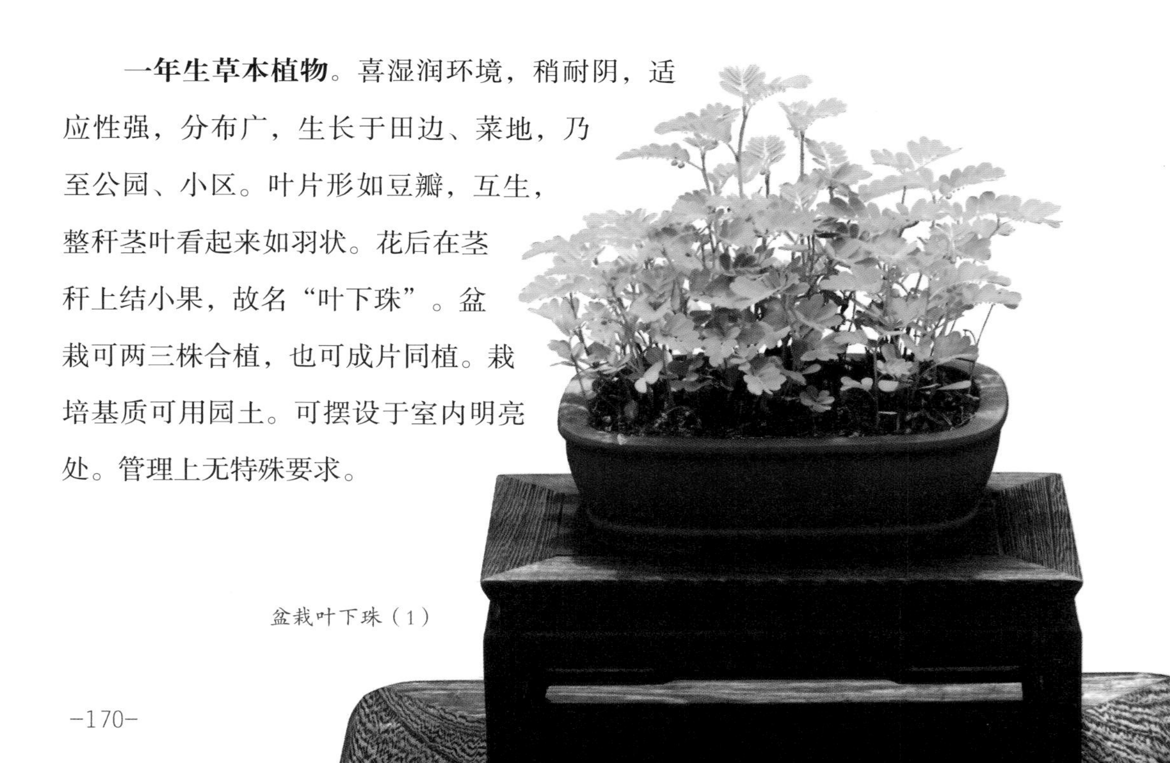

盆栽叶下珠（1）

盆栽叶下珠（2）

龙泉景天

(*Sedum lungtsuanense*)

一年生草本植物。发现于浙江龙泉，故名。常生长于林缘岩壁上。其形态与东南景天相似，但全株布满茸毛。阳光充足时，植株绿中泛红，甚至通红，节间较短；阳光不足时，植株呈绿色，节间拉长。夏季开花，花黄色。盆栽最好用有底孔盆器，采用疏松基质（可以粗沙为主，掺少量腐叶土），置于阳光较充足处，也可短期置于室内窗台边上明亮处。水分可偏干管理，忌积水。

野外龙泉景天

盆栽龙泉景天（1）

盆栽龙泉景天（2）

凹叶景天

（*Sedum emarginatum*）

多年生草本植物。喜半阴，耐旱，生长于石壁缝隙、林缘路旁。植株匍匐状，节上生根，常成片生长。叶倒卵形，顶部有凹陷，秋季呈紫红色或褐色。夏季开金黄色小花。盆栽选择大小适宜的一丛，挖掘时小心分离节上的根，尽量保持茎叶完整。用粗沙粒掺园土种植，日常可适当偏干管理，忌水涝。

野外凹叶景天

盆栽凹叶景天（1）

盆栽凹叶景天（2）

芒萁

（*Dicranopteris pedata*）

常绿蕨类植物。生命力强，喜酸性红壤，为酸性土壤指示植物。常成片生长在山坡荒地和林缘。其植株形似伞状，叶片清秀。芒萁新苗色泽格外翠绿，适于盆栽。挖时注意多保留根，可顺便多带些土回来，用于种植。一盆可植两三苗，也可与其他稍矮的植物合栽，以补植株下部空档。栽培极容易。

野外芒萁

盆栽芒萁（1）

南方的丘陵山地，芒萁遍布。早些年，不少地区用芒萁烧火做饭。那时农村也常用秸秆作柴火，但相比较而言，芒萁烧起来火力更为猛烈持久，因此芒萁很受青睐，

或许是一种定势思维所致，在我们制作野草盆栽，寻思着哪些野草可堪玩赏时，从没想到它，尽管我们无数次从它身边走过，甚至践踏而过。然而，一次笔者在岳母家的房屋侧面闲走，看到一抹阳光打在斜坡上的一丛芒萁上，地上映着水墨画般的影子——那一刻，我心头一颤，芒萁竟有这么清雅的身姿！于是，便将它植入盆中。

盆栽芒萁（2）

阔鳞鳞毛蕨

(Dryopteris championii)

中型土生蕨类植物。生长于疏林下、灌丛中。叶片嫩绿，清丽秀雅，适于盆栽观赏。整丛挖出，修去一些欠美观或破坏整体造型的叶片，使整丛叶片布局协调。基质可用粗沙掺腐叶土、园土。阔鳞鳞毛蕨生命力强，栽培容易，适于室内明亮处摆设。平时浇足水即可。

野外阔鳞鳞毛蕨

盆栽阔鳞鳞毛蕨

▲野外薄叶卷柏

▶盆栽薄叶卷柏

薄叶卷柏

(Selaginella delicatula)

土生蕨类植物。喜欢阴湿环境，生长于林下或溪边。植株直立或半直立，地下有游走茎。叶片在茎上分布较匀称，茎上有腋叶。整体感觉似江南卷柏，略有柏树风韵。可用粗沙掺少量腐叶土或园土种植，置于室内明亮处摆设。管理上无特殊要求。

深绿卷柏

(Selaginella doederleinii)

土生蕨类植物。喜欢温暖、湿润、半阴的环境，生长于林下石上或石缝间。它的形态与卷柏相似，但叶色较卷柏深，因此被称为“深绿卷柏”。又由于它喜欢生长在带泥土的岩石上，故而又被称为“石上柏”。盆栽可用无底孔盆，基质用园土掺沙土。适于室内明亮处摆设。如摆在阳台，注意避免强光直射，否则易导致叶缘枯焦。

野外深绿卷柏

盆栽深绿卷柏

匍匐悬垂式盆栽野草

匍匐下垂式盆栽野草，即植株趴在地上生长或弯垂向下生长。有些野草叶片丛生，无主茎，植株较矮，几近贴地生长，显得生机勃勃；有些野草茎秆较柔软，匍匐生长或生长到一定长度便向下弯垂，给人潇洒飘逸之感。此外，苔藓植株体小，贴地或贴石或贴木而生，意趣横生。

阿拉伯婆婆纳

(Veronica persica)

一年至二年生多分枝草本植物。也叫“波斯婆婆纳”。多见于田边路旁。原产于亚洲西部及欧洲，传入我国已久。明代王磐《野菜谱》中就记载有阿拉伯婆婆纳：“破破衲，不堪补；寒且饥，聊作脯；饱暖时，不忘汝。”起初，或许因为其叶看起来像破衣服，故古人称其为“衲”。后又因其果实看起来像古代妇女用的针线收纳包，且“纳”与“衲”谐音，故得名“婆婆纳”。春末夏初花期可采挖多苗，用稍大的盆器种植。挖时注意保护花蕾、花朵。其叶繁茂，花朵蓝色，煞是可爱，常招引蜂蝶。栽培较为容易。

据考证，明初朱元璋的儿子周王朱棣编撰的《救荒本草》最早记载阿拉伯婆婆纳：“婆婆纳，生田野中，苗塌地生。叶最小，如小面花黡儿，状类初生菊花芽叶，又团边微花，如云头样。味甜。”阿拉伯婆婆纳因其食用价值，而受到人们的关注。其实，春季阿拉伯婆婆纳常常布满田间——在一片绿色的海洋中，点缀繁星般的蓝色小花，其景色之壮观美丽令人赞叹。

草民笔记

盆栽阿拉伯婆婆纳

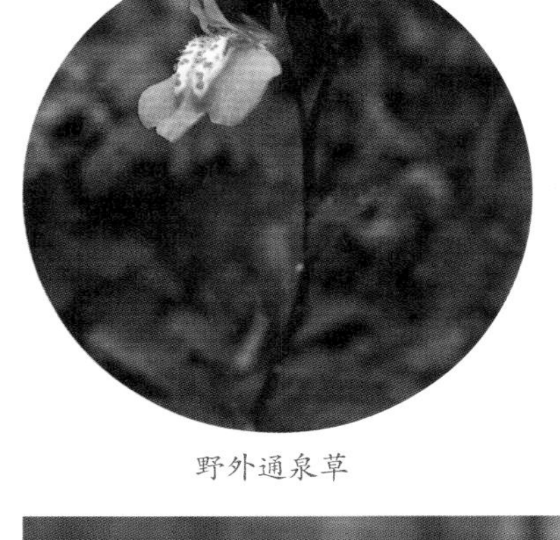

野外通泉草

通泉草

(Mazus pumilus)

一年生草本植物。喜湿润，故多生长于沟边等潮湿地。据说，找到它，就能找到贮藏泉水之地，也就能找到打井之处，故得此名。其茎直立或卧地后再挺立，顶部生花。夏季开花，花如小鸟飞翔状，呈紫色，中部有一白底黄斑的色块，清丽典雅。它是理想的盆栽野草之一。花期可挖植于盆中。挖时注意不要碰掉花蕾、花朵。花枝较长的植株，也可植成弯垂状，置于较高小几架上供观赏。栽培较容易。

▲ 盆栽通泉草（1）

▶ 盆栽通泉草（2）

野外天胡荽

天胡荽

(Hydrocotyle sibthorpioides)

多年生匍匐草本植物。喜欢水，多生长在水沟旁或稍湿的荒地。茎匍匐在地面，且每节都可生根，因此根系发达。叶片呈心形，边缘锯齿状，叶色翠绿，有观赏价值。盆栽可用无底孔的盆，宜一丛多苗合植。生命力强，易成活，生长也较快。平时注意及时浇水，提供充足的水分，忌缺水。

天胡荽其名大有讲究。其首字“天”，源于李时珍的《本草纲目》。李时珍在该书中说，其药性“气温而生，味辛而散，阳也，能通于天”。次字“胡”字，表示其原产地。在古代，一般“胡”是对北方和西方的外族人的泛称。植物名称里但凡带有“胡”字，即表明其源于异域，如胡椒、胡萝卜。至于“荽”字，它是古波斯的一个译音字。张骞通西域后，芫荽传入中国，新造了“荽”字。从天胡荽这一草名，便可窥见我国传统医学的博大精深，以及中外友好交流的悠久历史。

盆栽天胡荽

野外地棯

地棯

(*Melastoma dodecandrum*)

匍匐状小灌木。生命力强，耐旱耐瘠，为酸性土壤指示植物，多生长于山坡或山地果园中。茎匍匐生长。夏季开花，花大，粉红色至紫红色，观赏价值高。果实从绿色转为红色，最后呈紫黑色。采挖时，注意适当多留茎（茎节长根），并顺便多带些原土回来供种植用。花期可放室内明亮处。土干时浇水，不干不浇，忌水分过多。

盆栽地棯（1）

盆栽地稔（2）

盆栽地稔（3）

野外蛇含委陵菜（宋纬文提供）

蛇含委陵菜

(Potentilla kleiniana)

一年生、二年生或多年生宿根草本。既喜光又耐阴，既喜湿也耐旱，还耐贫瘠，生长于田边、沟旁。茎匍匐状，茎节处常长出新苗。基生叶5个小叶呈龙爪状，故又称“五爪龙”。夏季开黄色小花，颇可爱。盆栽可用园土种植，置于半阴或全日照环境中。平时适时浇水即可。

盆栽蛇含委陵菜

七星莲

(Viola diffusa)

一年生草本植物。生长于林缘、坡地，乃至石缝等处。叶丛生成莲座状，匍匐茎顶部长出叶丛和不定根。据说，常一丛居中，六丛环绕，形如莲，故名“七星莲”。全株常有白色绒毛。春季开花，花淡紫色，略似蝴蝶状，颇为可爱。因株型小，盆栽应选用小盆器，可用园土栽培。摆设期间，掌握“不干不浇，浇必浇透”的原则，忌过干。

野外七星莲

盆栽七星莲（1）

盆栽七星莲（2）

野外蛇莓

盆栽蛇莓（1）

蛇莓

(Duchesnea indica)

多年生草本植物。生长于潮湿、偏阴暗的地方，或许正是它生长的环境也适于蛇栖息，因此其名中带“蛇”字。蛇莓生长力强，常成片生长。植株呈匍匐状生长，花黄色，果鲜红、观赏性强。花果期4—6月。盆栽蛇莓适于做成悬垂式，置于较高的小几架上，枝蔓自然下垂，红果醒目，格外喜庆。日常管理容易，较耐摆设。

蛇莓是一种常见的野草。在侯兆铨先生和笔者共同的兰园地面上长满了蛇莓，我对它视若无睹。一天，老侯领我去看一盆盆栽新作品，只见几架上蛇莓枝条随意地下垂，枝叶间挂着3颗红果，格外醒目。整个盆栽枝叶分布显得随性自然，却没有一丝杂乱之感。没想到地上乱麻般生长的蛇莓，经老侯之手，竟出落得如此秀雅！老侯玩赏野草盆栽，眼光独到，主张不事过多雕饰，强调自然。由他制作的蘡薁、七星莲、鼠鞠草等盆栽中可窥见其审美趣味。

草民笔记

盆栽蛇莓（2）

蘡薁

(Vitis bryoniifolia)

木质藤本植物。适应性广，喜较强光，不耐涝，生长于山谷。它与葡萄属于同一个属，因此植株形态与葡萄相似，俗称“野葡萄”。幼苗可作悬垂式盆栽供观赏。用有底孔盆器种植，高盆或非高盆均可，后者须配以几架。基质要透气沥水，可用腐叶土掺粗沙。浇水不宜过勤，不干不浇。不宜长期置于室内，应放置在阳光较充足的阳台。

野外蘡薁

盆栽蘡薁

野外锦地罗

锦地罗

(Drosera burmanni)

食虫草本植物。喜光，喜湿，生长于坡地、荒地。叶呈莲座状丛生，宽匙状，边缘长满腺毛。叶片和腺毛常呈紫红或红色，十分艳丽。昆虫落入叶片时，腺毛将虫体包围，带黏性的腺体将昆虫粘住，然后分泌的液体可将虫体蛋白质分解吸收。夏季开小红花。盆栽，最好将锦地罗铲下大小合适的一块，用园土掺沙后种植，忌用黏土。平时给予明亮光照，土干后及时浇水。

盆栽锦地罗

垂盆草

(Sedum sarmentosum)

多年生多肉植物。喜半阴，适应性强，生长于山坡石壁上或石缝中。茎匍匐，节上生根。3 片叶成簇长在茎上（轮生）。夏季开黄色花。栽培容易，可用粗沙粒加少量腐叶土或园土种植。盆器可用高盆栽培，或用非高盆配以几架陈设。其茎叶如珠帘悬挂，赏心悦目。浇水不宜过勤，尤其冬季，需要控水。

◀ 野外垂盆草
▶ 盆栽垂盆草

野外东南景天

盆栽东南景天（1）

东南景天

(Sedum alfredii)

多年生多肉植物。喜阴湿、通风良好的环境，多生长在石壁上。初夏开花，花小，金黄色，但在野外成丛成片开花时，蔚为壮丽。盆栽可选大丛种植，基质须用沥水性好的植料，如用小砖粒等颗粒植料掺少量的腐叶土。平时给予充足的阳光，适当控水，则叶色、花色更艳丽。如阳光不足，水分过多，则叶色绿，花色稍逊。

盆栽东南景天（2）

垂穗石松

（*Palhinhaea cernua*）

野外垂穗石松

常绿蕨类植物。喜半阴，多生长于林下、灌木丛中。垂穗石松不会开花结果，靠孢子传播繁殖。枝叶形神似松树，且四季常青，因此适于植成有盆景韵致的盆栽。它是理想的盆栽野草之一，广受人们喜爱。上盆时，可借鉴盆景的修剪造型方法，使其更具观赏性。平日管理注意不缺水，忌阳光暴晒。

盆栽垂穗石松（1）

垂穗石松上盆时，可适当借鉴盆景的制作方法：先审视垂穗石松的形态，构想立意；然后因势赋形，如株形直立者顺势植成直干式，株形斜出者顺势植成斜干式，株形平出者顺势植成临水式，等等；接着对枝条做些修剪，使其长短适中、疏密有致；最后再依其形态选用合适的盆，直干式或斜干式用浅盆，临水式或悬垂式可用高盆。这是一种对垂穗石松略加艺术处理的玩法。当然，挖掘两三株株形相对较佳者上盆，保持其自然状态，不加任何修饰，也不失为一种玩法。

草民笔记

盆栽垂穗石松（2）

苔藓

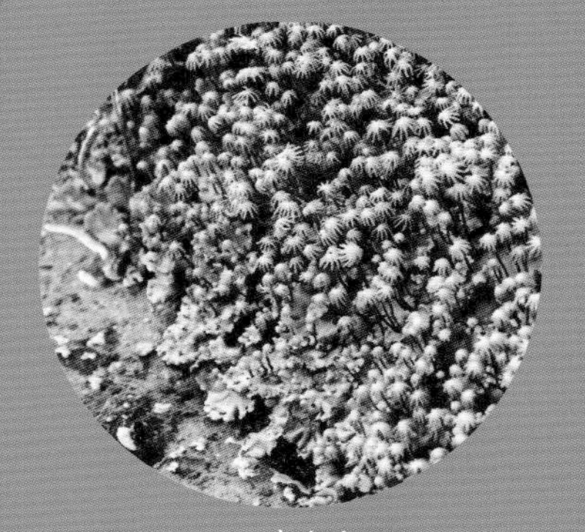
野外地钱

一类较低等的小型高等植物。喜半阴、阴湿的环境，不耐阴、不耐旱，生长于石面、地面、树干或枝条上。没有真正意义上的茎、叶、根，也没有花、种子，它以孢子繁殖。苔藓青翠水灵，给人素雅、古朴、清心、自然的感觉，惹人喜爱。苔藓可用无底孔盆器盆栽，也可将其铲下后贴在石头上或木块上。管理过程要注意两点：一是给予充足的散射光，环境太暗养不好苔藓；二是提供足够的湿度，不能让其附着的石头或木块干燥。

野外金发藓

附木丛藓

附石羽藓

▲ 盆栽金发藓

▲ 盆栽地钱（1）

盆栽地钱（2）

附录

几种园艺植物盆栽小品

兰花类植物盆栽小品

兰花是我国传统名花，有“花中君子”雅称。春兰以及其他株型较小的国兰名品，秀丽雅致，香气清幽，花期适于书房等较小空间摆设（不宜长期置于室内）。建兰、蕙兰株型较大，花期适于客厅摆设。另有其他株型较小的兰科植物（如铁皮石斛等）也可供观赏。兰花的栽培重在选配疏松透气的基质（可用腐叶土掺珍珠岩等颗粒），适时浇水，避免基质过湿或过干。

盆栽春兰宋梅

盆栽春兰嘉隆

盆栽春兰三星蝶新品　盆栽春兰黄荷梅

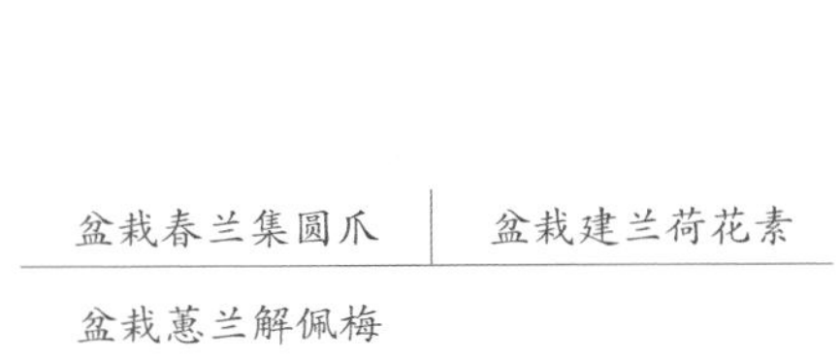

盆栽春兰集圆爪　|　盆栽建兰荷花素

盆栽蕙兰解佩梅

盆栽春剑大富贵

盆栽墨兰双美人

盆栽文心兰

盆栽铁皮石斛

菖蒲盆栽小品

古人称菖蒲为“天下第一雅草”，把菖蒲、兰花、水仙、菊花誉为“花中四雅”，菖蒲适宜在室内明亮处的书桌、茶几上摆设。菖蒲习性与兰花略有相似，宜用疏松透气基质，如用腐叶土掺粗沙等。用吴定石等种植更显野趣。平时在托盆中蓄些水，可经常喷些水，忌干旱。生长不佳，叶片枯焦时，可从基部剪去叶片，让其萌发新叶。

盆栽虎须菖蒲

盆栽黄金姬（1）

盆栽黄金姬（2）

盆栽黄金姬（3）

盆栽金凤凰

竹盆栽小品

自古以来，竹受到人们的喜爱，常将它比拟为一种精神风貌（如气节等），列为“梅兰竹菊”四君子之一。竹是房屋和庭院装饰的重要植物。盆栽竹宜选株型较小者，如观音竹、菲白竹等。竹性喜湿润、阴凉环境，可用园土种植。平时及时浇水，夏天忌强光照射。

盆栽观音竹（1）

盆栽观音竹（2）

盆栽菲黄竹

盆栽菲白竹（1）

盆栽菲白竹（2）

南洋杉盆栽小品

南洋杉原产于澳大利亚等地，其枝叶看起来有类同松柏的韵味，因此受到人们的喜爱。南洋杉生命力强，除不耐寒外，既耐阳光也耐阴，既耐涝也耐旱，是最耐室内摆设的植物。用于小型盆栽的南洋杉，可在4月剪一截造型较好的根扦插于沙中，当年即可萌芽；次年可用合适的盆种植，摆设于书桌和茶几等处。平时管理无特殊要求。

盆栽南洋杉（1）

盆栽南洋杉（2）

盆栽南洋杉（3）

碗莲盆栽小品

在传统文化中，荷花是高洁的代名词，具有独特的文化地位。碗莲植株较小，可用容器栽植，摆设于庭院供玩赏。碗莲多用分株繁殖。可在初夏用菜园土种植种藕。生长期给予充足的光照，忌阳光不足。一般植后一个多月可开花。每年都要翻盆，时间以春季或秋季为宜。

盆栽碗莲